环保科普丛书

U0390857

电子废物
利用与处置知识问答

DIANZIFEIWU

LIYONG YU CHUZHI ZHISHI

WENDA

环境保护部科技标准司
中国环境科学学会 主编

中国环境出版社·北京

图书在版编目（CIP）数据

电子废物利用与处置知识问答 / 环境保护部科技标准
司，中国环境科学学会主编 . -- 北京 ：中国环境出版社，
2015.1

（环保科普丛书）

ISBN 978-7-5111-2067-0

Ⅰ . ①电… Ⅱ . ①环… ②中… Ⅲ . ①电子产品－废
物综合利用－问题解答②电子产品－废物处理－问题解答
Ⅳ . ① X760.5-44

中国版本图书馆 CIP 数据核字（2014）第 207629 号

出 版 人　王新程
责任编辑　沈　建　刘　杨
责任校对　尹　芳
装帧设计　金　喆

出版发行　中国环境出版社
　　　　　（100062 北京市东城区广渠门内大街 16 号）
　　　　　网　　址：http://www.cesp.com.cn
　　　　　电子邮箱：bjgl@cesp.com.cn
　　　　　联系电话：010-67112765（编辑管理部）
　　　　　发行热线：010-67125803，010-67113405（传真）
印　　刷　北京中科印刷有限公司
经　　销　各地新华书店
版　　次　2015 年 1 月第 1 版
印　　次　2015 年 1 月第 1 次印刷
开　　本　880×1230 1/32
印　　张　3.75
字　　数　60 千字
定　　价　18.00 元

《电子废物利用与处置知识问答》
编委会

《环保科普丛书》

我国正处于工业化中后期和城镇化加速发展的阶段，结构型、复合型、压缩型污染逐渐显现，发展中不平衡、不协调、不可持续的问题依然突出，环境保护面临诸多严峻挑战。环保是发展问题，也是重大的民生问题。喝上干净的水，呼吸上新鲜的空气，吃上放心的食品，在优美宜居的环境中生产生活，已成为人民群众享受社会发展和环境民生的基本要求。由于公众获取环保知识的渠道相对匮乏，加之片面性知识和观点的传播，导致了一些重大环境问题出现时，往往伴随着公众对事实真相的疑惑甚至误解，引起了不必要的社会矛盾。这既反映出公众环保意识的提高，同时也对我国环保科普工作提出了更高要求。

当前，是我国深入贯彻落实科学发展观、全面建成小康社会、加快经济发展方式转变、解决突出资源环境问题的重要战略机遇期。大力加强环保科普工作，提升公众科学素质，营造有利于环境保护的人文环境，增强公众获取和运用环境科技知识的能力，把保护环境的意识转化为自觉行动，是环境保护优化经济发展的必然要求，对于推进生态文明建设，积极探索环保新道路，实现环境保护目标具有重要意义。

国务院《全民科学素质行动计划纲要》明确提出要大力提升公众的科学素质，为保障和改善民生、促进经济长期平稳快速发展和社会和谐提供重要基础支撑，其中在实施科普资源开发与共享工程方面，要求我们要繁荣科普创作，推出更多思想性、群众性、艺术性、观赏性相统一，人民群众喜闻乐见的优秀科普作品。

环境保护部科技标准司组织编撰的《环保科普丛书》正是基于这样的时机和需求推出的。丛书覆盖了同人民群众生活与健康息息相关的水、气、声、固废、辐射等环境保护重点领域，以通俗易懂的语言，配以大量故事化、生活化的插图，使整套丛书集科学性、通俗性、趣味性、艺术性于一体，准确生动、深入浅出地向公众传播环保科普知识，可提高公众的环保意识和科学素质水平，激发公众参与环境保护的热情。

我们一直强调科技工作包括创新科学技术和普及科学技术这两个相辅相成的重要方面，科技成果只有为全社会所掌握、所应用，才能发挥出推动社会发展进步的最大力量和最大效用。我们一直呼吁广大科技工作者大力普及科学技术知识，积极为提高全民科学素质作出贡献。现在，我欣喜地看到，广大科技工作者正积极投身到环保科普创作工作中来，以严谨的精神和积极的态度开展科普创作，打造精品环保科普系列图书。我衷心希望我国的环保科普创作不断取得更大成绩。

吴晓青

中华人民共和国环境保护部副部长

二〇一二年七月

前言

　　随着现代社会经济和科学技术的快速发展，电视机、电冰箱、洗衣机、空调、微型计算机，以及手机、平板电脑等大量电器电子产品涌入寻常百姓家。就像生物体具有寿命一样，电器电子产品也具有安全使用年限，超期服役的电器在使用时易出现电线绝缘老化漏电、元件技术指标下降、有害物质泄漏和噪声增大等安全隐患，其性能技术指标下降也会导致耗电量上升，加重能源负担。

　　无论是达到使用年限，还是更新换代淘汰下来的电器电子产品，最终都会形成电子废物。电子废物种类众多、数量增长快，由于其成分复杂、处理困难，如非法拆解或是使用简单落后的方式处置，随意排放的废气、废液、废渣，对大气、水体和土壤将会造成严重污染，并对人体健康造成威胁。此外，还有某些不法分子受经济利益的驱使，将电子废物进行非法越境转移，使我国和很多发展中国家成为了国际上电子废物非法转移的目的地和受害者。

　　为了有效管理电子废物，我国专门出台了一系列政策法规，在产品生产、回收、拆解处理等环节提出了污染控制和环境管理的相关要求，初步形成了电器电子产品全生命周期管理模式。我国还加入了《控制危险废物越境转移及其处置的巴塞尔公约》，严厉打击电子废物的非法越境转移。

本书以电子废物的回收处理与资源化再利用为主线，从其收集运输、处理处置和资源化等方面着手，充分体现循环经济（"3R"）的理念，系统梳理电子废物的相关概念、来源、危害、处理处置与资源化、监管和公众参与等基础知识，通俗易懂地向公众阐述相关内容，便于社会各界科学认识、正确处理和监督管理废弃电器电子产品。

本书的主要执笔人员如下：第一部分，郑洋、宋鑫；第二部分，陈瑛；第三部分，刘丽丽；第四部分，邱琦、陈瑛；第五部分，孙笑非；第六部分，胡楠、宋鑫；第七部分，胡楠、张华；第八部分，牛玲娟。

中国环境科学学会固体废物分会、环境保护部固体废物与化学品管理技术中心、清华大学环境学院、巴塞尔公约亚太区域中心、环境保护部宣传教育中心等单位的专家参与了本书的编写工作，在此一并感谢！由于编写水平所限，加之时间仓促，书中难免有疏漏、不妥之处，敬请读者批评指正！

编　者

二〇一四年三月

目录

第三部分　电子废物的回收　31

第四部分　电子废物的处理处置　40

第五部分 电子废物的资源化 55

第六部分 发达国家电子废物管理经验 **68**

第七部分 我国废弃电器电子产品的管理体系 **80**

XI

电子废物 DIANZI FEIWU
利用与处置
知识问答
LIYONG YU CHUZHI
ZHISHI WENDA

第一部分
电子废物的基本知识

1. 什么是电子废物？

我国 2008 年开始施行的《电子废物污染环境防治管理办法》规定，电子废物是指废弃的电子电器产品、电子电气设备（以下简称产品或者设备）及其废弃零部件、元器件和其他按规定纳入电子废物管理的物品、物质，包括工业生产活动中产生的报废产品或者设备、报废的半成品和下脚料，产品或者设备维修、翻新、再制造过程产生的报废品，日常生活或者为日常生活提供服务的活动中废弃的产品或者设备，以及法律法规禁止生产或者进口的产品或者设备。

电子废物范围广泛，根据 2011 年开始施行的《废弃电器电子产品回收处理管理条例》，纳入该条例管理的电子废物称为废弃电器电子产品。

我们日常生活中常见的电子废物有废弃的电视机、电冰箱、空调、洗衣机等家用电器，台式电脑、笔记本电脑、平板电脑等计算机产品，手机等通信电子产品及其零部件，打印机、复印机等办公电器电子产品、零部件及耗材。废电池、废照明器具等一般也可纳入电子废物的范畴。

2. 什么是废旧电器电子产品？

废旧电器电子产品包括废弃的电器电子产品和旧电器电子产品，旧电器电子产品通常进入旧货市场流通。我国传统的废旧商品回收体系并不对废弃产品和旧产品进行严格区分。

从法律意义上讲，废弃电器电子产品是废弃不再使用的电器电子产品，属于固体废物，应进行环境无害化处理处置；旧电器电子产品则是仍保持全部或者部分原有使用价值的电器电子产品。

从公众认知的角度来讲，废弃电器电子产品与旧电器电子产品的区别在于是否还具有原有的使用价值，是否可以作为产品继续使用。

3. 电子废物的主要来源有哪些?

电子废物的来源主要有两方面:一是工业生产活动产生的报废产品或设备、报废的半成品和下脚料,维修、翻新、再制造过程产生的报废品;二是日常生活或者为日常生活提供服务的活动(包括办公、公共市政设施等)中淘汰报废的产品或者设备。

4. 电子废物如何分类?

电子废物的产生来源和种类非常复杂,受技术、经济和环境管理能力等条件的影响,世界各国对电子废物的分类也存在较大差异。

　　根据我国 2011 年出台的国家标准《废弃产品分类与代码》（GB/
T 27610—2011），有 3 类废弃产品属于电子废物的范畴：废电池、废
照明器具、废电器电子产品。其中，废电池分为 5 类，包括干电池、
镍氢电池、锂离子电池、扣式电池和其他；废照明器具分为 4 类，包
括电光源、照明灯具、灯用电器附件和其他；废电器电子产品分为
9 类，包括办公设备、计算机产品及零部件，通信设备及零部件，视
听产品、广播电视设备及零部件，家用、类似用途电器产品及零部件，
仪器仪表、测量监控产品及零部件，电动工具及零部件，电线电缆，
医用设备及零部件以及其他。

5. 电子废物有哪些特点?

(1) 种类多, 数量增长快。随着现代社会电子工业和电器电子产品消费市场的高速发展, 新的电子废物种类不断出现, 旧有产品不断被淘汰, 各类电子废物均呈现出大量产生、快速增长的态势。

(2) 潜在的环境危害大。很多电子废物中含有有害物质, 如铅、汞、镉、六价铬等重金属, 多溴联苯 (PBBs)、多溴二苯醚 (PBDEs) 等持久性有机污染物。这类电子废物如果处理不当, 其中的有害物质将会被释放, 对环境和人类健康造成严重威胁。

(3) 回收利用价值高。电子废物通常含有多种可回收利用的金属、塑料等材料, 某些部件或元器件还可能重复使用。

(4) 成分复杂, 处理困难。电子废物成分复杂、类型繁多, 可回收利用的材料和有害物质紧密结合在一起, 要实现资源有效回收利用, 将不可利用部分进行环境无害化处理处置, 同时防止有害物质污染环境, 需要专业的技术、设备、工艺, 处理难度较大。

6. 常说的"四机一脑"指什么?

我们常说的"四机一脑"是指电视机、电冰箱、洗衣机、空调器和微型计算机 5 类电器电子产品。这 5 类产品社会保有量大、废弃量大，随意丢弃污染环境严重，处理难度大，是现阶段产生的主要电子废物。2009—2011年，为拉动国内消费需求，我国针对上述 5 类电器电子产品，实施了家电以旧换新政策。

7. 我国电子废物产生情况如何?

电子废物的产生受人口区域分布、经济发展水平等因素影响，我国目前尚没有官方统计数据。一般根据实际拆解处理情况和模型方法估算产生情况。

如按社会保有量系数法测算，我国2012年电视机、电冰箱、洗衣机、空调器、微型计算机等 5 类电器电子产品的理论报废量约为 7 600 万台，其中大部分是由于消费产品的更新换代产生的。很多从居民家庭淘汰的电器电子产品仍具有使用价值，会先进入二手市场，经翻新后作为二手产品再次进入消费领域，完全丧失使用功能的才会进入处理环节。因此，实际需要拆解处理的电子废物数量会大大低于理论报废量。2009—2011年，全国家电以旧换新政策实施期间，累计回收处理废旧家电约8 900万台，其中2011年回收处理量约5 400万台。

如何统计电子废物的数量呢？

产生情况主要采用实际拆解处理情况和模型方法进行估算。例如，2011年全国家电依旧换新共回收处理废旧家电5 400万台。按社会保有量系数法测算，我国2012年电视机、电冰箱、洗衣机、空调器、微型计算机等5大类电器电子产品的理论报废量约为7 600万台

更新换代　二手电脑　报废

8. 常见家用电器的使用年限是多少?

家用电器的使用年限并无严格的规定，受品牌、质量、使用条件等的影响，会有一定差别。一般而言，常见大型家用电器的参考使用年限：彩色电视机8～10年、电热水器8年、电冰箱12～16年、洗衣机12年、空调器8～10年、微型计算机6年。以手机、平板电脑等为代表的一些小型消费类电子产品的更新换代周期较短，往往尚

具有较好的使用价值时就被更换，部分行业人士认为换代周期约为 18 个月。

9. 一般家用电器超限使用会有什么危害？

　　超期使用的家电容易出现电线绝缘老化漏电、元器件使用性能下降、有害物质泄漏和噪声增大等隐患。除此之外，电器电子产品的性能会随着使用年限的增长而下降，耗电量则会增加。例如，一般老旧家电的耗电量要超过原耗电量的40%。另外，老式电器电子产品的性能等比新式产品的设计水平低，在功能上也存在较大差距。

10. 我国主要电器电子产品的社会保有量有多少？

据统计，2011年我国电视机、洗衣机、电冰箱、空调器、微型计算机等5种电器电子产品的生产量达7.4亿台，其中约50%进入国内消费市场。据理论测算，2011年我国上述5种电器电子产品的社会保有量约17.6亿台，其中居民家庭的社会保有量约占90%。

彩色电视	黑白电视	冰箱	洗衣机	空调	微型计算机	总计
5.2	0.03	3.4	3.4	3.3	2.3	17.6

单位：亿台

11. 为什么要回收电子废物？

电子废物回收处理的首要目的是保护生态环境。电子废物中含有多种有害物质，废弃后如果不经处理会导致其中的有害物质污染土壤、水体和大气，并可在生物体内累积，危害生态环境和人类健康。处理不当时，可能会导致二噁英等新的有害物质的生成和释放。

此外，电子废物的回收可以促进资源综合利用和循环经济发展。如铜、铝、铅、锌等有色金属，铁、铬、锰等黑色金属，镓、锗、铟、金、银等稀贵金属，各种塑料等高分子材料以及玻璃等是组成电器电子产品和电子元器件的主要材料，这些材料大部分可以再生利用，并且再生利用过程所需的成本和对环境的影响比从矿产资源中提炼更小，社会、经济和环境效益更好。

12. 什么是生产者责任延伸制度？

生产者责任延伸制度（Extended Producer Responsibility，EPR）最初是由瑞典的环境经济学家托马斯提出的，其核心思想是生产者应该为其废弃产品承担延伸的后续处理责任。生产者应当以合理恰当的方式方法设计、生产产品，并承担处理废弃产品的责任。

国务院 2011 年 12 月印发的《国家环境保护"十二五"规划》提出，要"推行生产者责任延伸制度，规范废弃电器电子产品的回收处理活动"，首次将生产者责任延伸制度这一概念纳入了国家环境保护的规范性文件。

2013年1月，国务院印发了《循环经济发展战略及近期行动计划》，明确要求完善相关法律法规，建立生产者责任延伸制度，推动生产者落实废弃产品回收、处理等责任，落实废弃电器电子产品处理基金管理办法，研究建立强制回收产品和包装物、汽车、轮胎、手机、充电器生产者责任制。

13. 我国电器电子产品生产者责任延伸制主要有哪些要求？

　　根据 2011 年 1 月开始实施的《废弃电器电子产品回收处理管理条例》，国家建立了废弃电器电子产品处理基金，该《条例》规定电器电子产品生产者、进口电器电子产品的收货人或者其代理人应当按规定履行废弃电器电子产品处理基金的缴纳义务，缴纳的基金可用于补贴废弃电器电子产品回收处理费用。废弃电器电子产品处理基金制度是生产者责任延伸制度的一种具体表现形式。

　　《条例》还规定，电器电子产品生产者、进口电器电子产品的收货人或者其代理人生产、进口的电器电子产品应当符合国家有关电器

电子产品污染控制的规定，采用有利于资源综合利用和无害化处理的设计方案，使用无毒无害或者低毒低害以及便于回收利用的材料。电器电子产品上或者产品说明书中应当按照规定提供有关有毒有害物质含量、回收处理提示性说明等信息。

国家鼓励电器电子产品生产者自行或者委托销售者、维修机构、售后服务机构、废弃电器电子产品回收经营者回收废弃电器电子产品。

14. 什么是电器电子产品的全生命周期管理？

产品全生命周期管理是指从产品的需求、设计、生产、经销、使用、维修保养直到废弃后的回收处理处置的全生命周期过程，对产品进行综合管理，以求实现其环境影响的最小化。

电器电子产品全生命周期管理是对电器电子产品生命周期的每一阶段进行全过程、全方位的统筹规划和科学管理。例如，在设计和原料获取阶段，要考虑后续各生命阶段的环境影响，采用有利于资源综合利用和无害化处理的设计方案，使用无毒无害或者低毒低害以及便于回收利用的材料；在生产制造阶段，使用清洁的能源和原料、采用先进的工艺技术与设备、改善管理、综合利用等措施削减污染物的产生和排放；在使用、维修阶段，保障产品以最小的消耗获得最大的效能与寿命，并减少或者避免污染物的产生和排放；在回收处理阶段，使废弃电器电子产品以无害化方式得到最大限度的再利用、再循环，其处理处置过程对环境负面影响最小。

15. 什么是电器电子产品生态设计？

生态设计是按照全生命周期的理念，在产品设计开发阶段系统考虑原材料选用、生产、销售、使用、回收、处理等各个环节对资源环境造成的影响，力求产品在全生命周期中最大限度降低资源消耗，尽可能少用或不用含有有毒有害物质的原材料，减少污染物的产生和排放，从而实现环境保护的活动。生态设计是改变"先污染后治理"的发展方式、实现污染预防的重要措施，是落实生产者责任延伸制度的要求。

电器电子产品的生态设计就是通过生态设计的理念和方法，在电器电子产品设计中考虑电器电子产品整个生命周期的环境影响，通过改进设计将电器电子产品的环境影响减少到最低程度。

电器电子产品生态设计的主要方法有：采用易于拆解的设计，例如通过设计使得拆解时不需要进行翻转，在产品上提供如何拆解的说明；尽量使用较少种类的不同物质，例如在各个部件上提供物质成分的说明，使用单一材料，尽量少使用复合材料等。

16. 国外电子废物可能通过哪些非法渠道进入我国境内？

由于发达国家电子废物等固体废物的处理成本高，而电子废物本身又具有一定的资源化价值，受经济利益因素的影响，我国和很多发展中国家成为国际上电子废物非法转移的目的地。国外的电子废物通常通过以下 4 个途径非法进入我国境内：

（1）用集装箱将整箱的电子废物直接运往我国内地的港口。由于愈加严格的海关控制并且易于识别，这种方式现在已非常少见。

（2）将部分电子废物混杂在我国法律允许进口的可用作原料的废五金等固体废物中一起出口到我国。这种方式的发现和界定有一定难度。

（3）利用国际自由港口的豁免政策，经国际自由港中转，混杂在其他货物中进入我国内地。这种方式发现的难度较大。

（4）经与我国接壤的其他国家，通过未设置海关、边检的区域或通道进入我国。这种方式灵活性很高，打击的难度最大。

电子废物 **DIANZI FEIWU**
利用与处置
知识问答
LIYONG YU CHUZHI
ZHISHI WENDA

第二部分
电子废物的污染及危害

17. 电子废物中含有哪些有害成分？

电子废物中含有多种有害物质或元素，如铅、汞、镉等重金属元素对人体多器官脏器具有极强的毒性作用；电子产品中使用的阻燃剂等有机物处置不当时，会生成具有致癌、致突变、致畸作用的二噁英类持久性有机污染物。冰箱、空调制冷剂中的氟利昂、保温层材料中的发泡剂等会导致地球大气层中臭氧数量减少，臭氧层变薄，会使更多的紫外线进入地球表面生物圈，威胁全球生态环境安全。

为控制电子电气设备中有害物质的环境风险，欧盟出台了《电子电气设备中限制使用某些有害物质指令》（俗称 RoHS 指令），我国则针对电子信息产品出台了《电子信息产品污染控制管理办法》。

　　根据我国相关要求，我国电子信息产品中铅、汞、六价铬、多溴联苯、多溴二苯醚（十溴二苯醚除外）的含量不超过 0.1%，镉的含量不超过 0.01%。在电子信息产品环保使用期限内，这些有毒、有害物质或元素不会发生外泄或突变，不会对环境造成严重污染或对其人身、财产造成严重损害。但是，电视机等产品被废弃拆解后产生的含铅玻璃、废含汞荧光灯管、废电路板、废铅酸电池等仍属于国家明确规定的危险废物，需要严格管理。

18. 电器电子产品的有害成分有哪些变化趋势？

　　受国际环境保护政策变化的影响，有害物质在电器电子产品中的使用受到了越来越严格的限制并被逐步淘汰，环境友好型新材料和零部件正在电器电子产品中得到应用。我国在电子信息产品中有害物质污染控制方面，正在逐步与欧盟等发达国家和地区接轨。

　　例如，受欧盟 RoHS 指令、我国《电子信息产品污染控制管理办法》等影响，铅、汞、镉、六价铬、多溴联苯和多溴联苯醚等有害物质在电子信息产品中的使用受到严格控制，部分使用有害物质的零部件被逐渐替代；受《关于消耗臭氧层的蒙特利尔议定书》影响，氟利昂等消

耗臭氧层的物质正按计划淘汰，使用无氟制冷剂的冰箱、低氟空调等产品已经投放市场。

19. 如何利用生态设计降低电子产品的环境风险？

目前，我国工业领域开展生态设计的思路是按照源头控制、以工业产品全生命周期资源科学利用和环境保护为目标，以技术进步和标准体系建设为支撑，开展产品生态设计，并推进建立评价与监督相结合的生态设计，通过政策引导和市场推动，促进生产企业开展产品生态设计。《电子信息产品污染控制管理办法》通过限制有害物质的使用，鼓励生态设计，降低电子产品的环境风险。

20. 电子废物不当处理过程中会产生哪些环境健康风险？

以简单酸洗、简易焚烧、随意弃置等方式处理电子废物时，会导致有毒有机物和铅、镉、汞等重金属等有害物质大量向空气、水体、土壤中释放，通过呼吸、接触、饮水、食物链等导致中毒，

诱发癌症、新生儿畸形等。电子废物露天焚烧时，将产生大量二噁英、多环芳烃等有毒有害气体，污染大气并危害人体健康。不规范处理产生的废液、废渣，严重污染土壤和水体。冰箱、空调中的制冷剂、发泡剂等消耗臭氧层物质释放会破坏大气臭氧层。此外，如果电子废物进入不规范的二手市场进行维修、拼装，生产的不合格产品还可能危害消费者人身安全。

21. 电子废物处理过程中产生污染物的主要环节有哪些？

　　电子废物处理过程包括拆解、利用、处置等几个环节，污染物的产生集中在拆解、利用阶段。

　　拆解过程是以手工、机械等方式，将废弃的电子产品整机分解成各种零部件，以及塑料、金属等可再生材料。拆解过程中产生的主要污染物是粉尘、扬尘、噪声等，以及各类拆解产物和不可利用废物。另外，在拆解过程中可能产生含汞灯管、印刷电路板、含铅玻璃等危险废物，如贮存不当可能导致有害成分向环境中释放。

　　电子废物的利用过程是通过物理、化学、生物等技术工艺，从拆解产生的各类产物中提取金属，或生产塑料等再生材料。这一过程是污染物集中释放的过程。如以火法冶炼提取金属过程中，可能导致含重金属的废水、粉尘、废气、废渣等污染物的排放。以湿法冶金提取金属的过程中，可能导致酸雾、废弃化学药剂、废水、污泥等污染物的排放。

22. 电视机拆解处理可能有哪些污染物释放的风险？

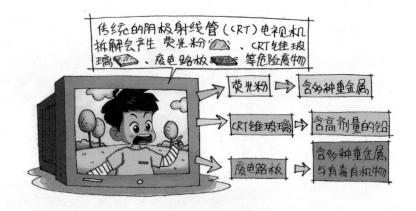

传统的阴极射线管（CRT）电视机拆解会产生荧光粉、含铅玻璃、废屏玻璃、废电路板、废电线电缆、废铁、废铝、废塑料、其他零部件等拆解产物。其中，荧光粉中含有多种重金属成分；彩色电视机CRT锥玻璃中含有较高含量的铅；废电路板中含有多种重金属、有毒有机物等。这些废物都属于国家规定的危险废物。

平板电视机、背投电视机、液晶电视机等电视机的拆解过程主要会产生背光灯管、面板、废玻璃、废电路板、废电线电缆、废铁、废铝、废塑料、其他零部件等拆解产物。部分背光灯管中含有重金属汞；

部分电视机外壳塑料中含有氯代或溴代阻燃剂等持久性污染物；拆解产生的部分小电子元器件和零部件中含有铅、汞、铬、有害有机物等污染物。

23. 电冰箱拆解处理可能有哪些污染物释放的风险？

电冰箱主要由箱体、保温层材料、压缩机、电路板等部件组成。拆解过程中会从压缩机中释放出制冷剂、废矿物油；从保温层泡沫中释放出发泡剂，以及废玻璃、废塑料、废金属等；并且会产生大量需要处理处置的保温层泡沫塑料。

其中，传统制冷剂和发泡剂中含有的氟利昂类物质属于臭氧层消耗物质；废矿物油和废电路板是国家规定的危险废物。

24. 洗衣机拆解处理可能有哪些污染物释放的风险？

　　洗衣机拆解会产生废金属、废塑料、废橡胶部件、废电路板、平衡块或平衡盐水等。其中废电路板是国家规定的危险废物。平衡块一般是由普通水泥等制成，无回收价值，需进行处理处置。平衡盐水中氯化钠等盐类物质含量较高，直接排放会对水体和土壤造成影响，需收集处置。

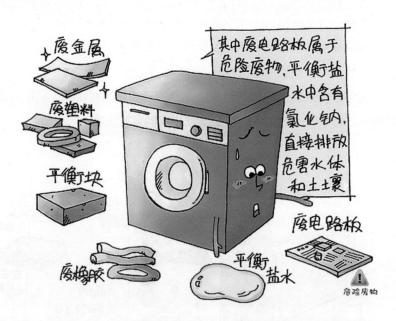

25. 空调器拆解处理可能有哪些污染物释放的风险？

　　空调器拆解会产生各类废金属、废塑料等可再生利用材料，也会产生废电机、废压缩机、废电路板等拆解产物，还可能会从压缩机中释放出制冷剂、废矿物油等有害废物。

其中，氟利昂类制冷剂属于臭氧层消耗物质；废矿物油和废电路板是国家规定的危险废物。

26. 电脑拆解处理可能有哪些污染物释放的风险？

一般家用电脑由显示器和主机两部分组成。其中，显示器处理过程产生的拆解产物和污染物释放的风险与电视机基本相同。主机主要是由硬盘、主板（电路板）、各类元器件等组成。拆解产物中，废电路板属于国家规定的危险废物；各类废元器件中含有铅、汞、镉、六价铬等重金属，以及多溴联苯、多溴二苯醚、多氯联苯等持久性有机物。

27. 手机拆解处理可能有哪些污染物释放的风险？

手机拆解处理时一般将手机分解为外壳、主机板、显示屏、电池以及手机芯片等部分。其中，主机板是手机内污染物质含量最高的部件。主机板是废电路板的一种，含有多种重金属成分，属于国家规定的危险废物。同时，手机电池的处理存在钴等重金属物质释放的风险。

28. 废荧光灯可能导致哪些环境健康危害？

　　荧光灯的灯管、灯头、镇流器等部件中含有铅、汞、镉以及六价铬、多溴联苯、多溴二苯醚等有害物质。一旦灯管破损或废弃后处理不当，这些有毒有害物质会被释放并对环境和人体健康造成危害。

　　废弃的荧光灯管破碎后，会立即向周围空气释放金属汞蒸汽，汞会长期累积在周边的土壤环境和生物体内，并最终通过直接接触或食物链进入人体，造成慢性中毒。

29. 废电池可能会产生哪些危害？

通常，废电池分为一次电池和二次电池。常见的一次电池有干电池、纽扣电池，包含锌锰电池、镍镉电池等。二次电池即可充电重复使用的电池，包括铅酸蓄电池、锂离子电池、镍镉电池、镍氢电池等。

日常生活最常使用的是干电池，其主要环境风险来自于电池中的汞。废铅酸蓄电池中含有大量的铅、锑等重金属和废酸液，是对环境和人类健康危害最大的一种电池。其中铅几乎可以损害所有的器官，严重时可导致死亡。由于铅的毒性和污染特点，对铅在环境中的标准值要求很高，特别是西方发达国家对铅的使用有严格的控制。其他电池的环境危害程度相对较小，一般是锌、锰、镍、镉、钴等金属元素的释放。如废手机电池主要以废锂电池为主，其环境危害性相对较小，可以作为一般固体废物进行管理。

电子废物 **DIANZI FEIWU** 利用与处置
知识问答
LIYONG YU CHUZHI
ZHISHI WENDA

第三部分
电子废物的回收

30. 我国废弃电器电子产品的主要流向有哪些？

目前我国居民家庭淘汰的废弃电器电子产品流向主要有 4 个：一是尚有使用价值的进入旧货市场，销售给低端消费者；二是部分进入处理企业进行拆解利用和处置；三是部分进入家庭作坊式的非正规处理单位；四是少量通过捐赠等方式，向特定地域、群体转移。目前，我国废弃电器电子产品回收的主渠道还是走街串巷的小商小贩。对部分城市居民的调查显示，50% 左右的居民将废弃电器电子产品卖给收购商贩，13% 左右选择"以旧换新"，10% 左右出售给处理企业，其他则是将废弃电器电子产品暂存家中、丢弃或赠予他人。

31. 废弃电器电子产品的回收渠道有哪些特点？

我国现有废弃电器电子产品的回收体系是传统路径沿袭、经济利益驱动与国家政策导向等多种因素相结合而形成的混合体系，主要的回收渠道包括走街串巷的传统小商贩回收、生产商和经销商在出售新商品时的折价回收、处理企业回收、企事业单位集中处理、旧货市场回收、家电维修网点回收、社区网点回收等。

长期以来，我国电子废物的回收市场是自发形成的。传统的小商贩在经济利益驱动下进行回收，并主导了电子废物的流向。这种回收方式具有经营方式灵活，但流动性大、回收渠道分散、规范性差、监管难度大等特点。而正规回收渠道具有回收网络覆盖面有限、回收渠道不畅通、回收成本偏高等特点。

32. 我国有哪些电子废物回收模式？

目前我国电子废物的回收模式较为多样，主要以走街串巷的小商贩去居民家中回收废弃产品的模式为主，兼有电器电销售点回收（以旧换新）、维修点、城市垃圾回收系统、社区网点等固定回收点的回收模式；部分电子废物的专业处理企业也会通过电话、网络等交投方式上门回收废弃电器电子产品。例如，北京市处理企业设立了香蕉皮网站（http://www.xiangjiaopi.com/）、上海市处理企业设立了阿拉环保网（http://www.alahb.com/），居民对家中的废弃电器电子产品进行网上交投，并获得日常用品、小型家电产品等回报。

33. 为什么对废弃电器电子产品实行多渠道回收制度?

电器电子产品属于居民家庭消费品，废弃后分散于千家万户，产生源非常分散，回收难度大。防止废弃电器电子产品处理污染环境的要点是防止拆解产物无序流动和无序处理，实现规范化的集中处理。实践证明，小规模分散处理，难以有效监管，无序利用和环境污染的风险大。

为此，我国根据国情，建立了多渠道回收制度，鼓励电器电子产品生产者自行或者委托销售者、维修机构、售后服务机构、废弃电器电子产品回收经营者回收废弃电器电子产品。通过多渠道回收，最大限度地将分散在千家万户的废弃电器电子产品逐步集中到规范的拆解处理企业进行环境无害化处理处置。

商务部等有关部门正在制订相关政策，对废弃电器电子产品回收予以引导和规范。

34. 我国"四机一脑"回收情况如何？

根据《废弃电器电子产品回收处理管理条例》，目前在我国只有获得废弃电器电子产品处理资格的企业才可对"四机一脑"进行处理。获得处理资格的企业，可以向国家申请废弃电器电子产品处理基金补贴。这一政策极大地促进了"四机一脑"的回收。

截至 2013 年 2 月，我国已有两批 22 个省份的 64 家企业列入到废弃电器电子产品处理基金补贴名单。2012 年下半年，我国共回收处理电视机、电冰箱、洗衣机、空调器和电脑等"四机一脑"近千万台。随着处理企业自主建设的回收体系逐步成熟，"四机一脑"的回收量将稳步提高。

35. 电子废物收集过程中如何防止污染物释放？

电器电子产品及其组件种类繁多，部分产品含有汞、铅等重金属以及多溴联苯醚等有害物质，收集、运输、贮存过程操作不当可能发生污染物释放。例如收集冰箱或空调时可能造成压缩机内的氟利昂制冷剂泄漏。

为了防止废弃电器电子产品收集过程中污染物释放，应对废弃电器电子产品分类收集。收集的废弃电器电子产品不得随意堆放、丢弃或拆解，贮存

时应有必要的防雨、地面防渗等措施；含有有害物质的零件或元器件等单独存放采取防逸散、泄漏等措施。

36. 废荧光灯应如何规范回收？

荧光灯分类收集是回收处理能否顺利进行的基础。在学校、超市、医院、机关和企业等大型单位，由于使用量大，废荧光灯管回收较易组织和操作，实施效果较好。对家庭产生的废弃节能灯，由于其产生源非常分散，回收难度大。

目前，北京市等地区已开展了废弃含汞荧光灯等有害废物单独收运和处理试点工作。回收过程应注意采取防止破损等措施，防范汞等有害物质的释放。

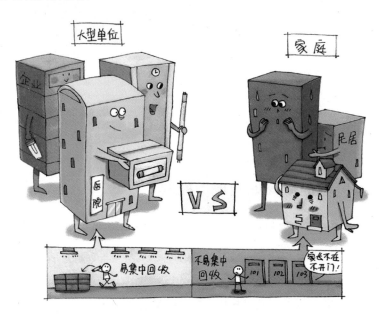

37. 我国对于生产企业回收处理荧光灯有哪些要求？

　　2008 年以来，我国大力推广低汞、无汞节能灯等高效照明产品，期间要求推广企业实施清洁生产，承诺一定比例的废旧荧光灯回收量，对替换的废旧荧光灯妥善回收处理。2011 年以来，多数企业废旧荧光灯回收量超过 20%。2010 年，国家就高效照明产品补贴推广项目进行招标时，已将废旧灯管的回收比例、有无回收设备及企业是否通过清洁生产评审列入了标书的要求中。如上海市在节能灯推广过程中，也明确要求推广企业设立废旧灯管回收箱。

38. 废电池应该如何规范回收？

　　我国是电池生产和消费大国。据估算，每年各类干电池的消费量达上百亿只；2012 年，手机锂离子电池的废弃保有量已达到 34.7 亿只。2013 年我国铅酸蓄电池、镍氢电池和锂蓄电池废弃保有量分别达到 $5.9 \times 10^{14} A \cdot h$、$2.1 \times 10^{9} V \cdot A \cdot h$ 和 $2.5 \times 10^{11} V \cdot A$。

目前在我国生产和销售的各类家用电池已达到低汞或无汞技术要求，按照《废电池污染防治技术政策》等规定，可随日常生活垃圾分散丢弃，无需集中统一回收，在缺乏有效回收的技术经济条件下，不鼓励集中收集已达到国家低汞或无汞要求的废一次性电池。

废电池的收集重点是镉镍电池、氢镍电池、锂离子电池、铅酸电池等废弃的可充电电池（以下简称"废充电电池"）和氧化银等废弃的扣式一次电池（以下简称"废扣式电池"）。镉镍电池、铅酸电池这类废电池因镉、铅等重金属元素含量较高，在我国按危险废物进行管理，需由具有危险废物经营许可证的单位进行回收处理。

电子废物 DIANZI FEIWU
利用与处置
知识问答
LIYONG YU CHUZHI
ZHISHI WENDA

第四部分
电子废物的处理处置

39. 如何处理电子废物？

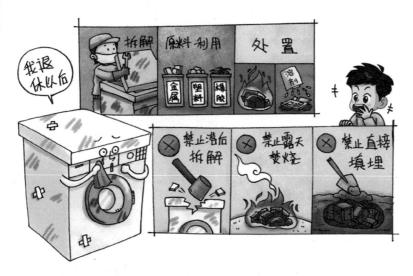

电子废物的处理过程主要包括拆解、利用和处置等过程。

电子废物的拆解是指通过人工或机械的方式将废弃电器电子产品进行拆卸、解体，以便于再生利用和处置的活动。

电子废物的利用是指从电子废物中提取物质作为原材料或者燃料的活动。

电子废物的处置是指电子废物处理后产生的无法进一步再使用、再利用的残余物，采用焚烧、填埋或其他改变电子废物的物理、化学、生物特性的方法，以达到减容、减少或消除其危害性的活动，或者将电子废物最终置于符合环境保护标准规定的场所或者设施的活动。

在我国，禁止使用落后的技术、工艺和设备拆解、利用和处置电子废物；禁止露天焚烧电子废物；禁止使用冲天炉、简易反射炉等设备和简易酸浸工艺利用、处置电子废物；禁止以直接填埋的方式处置电子废物。

电子废物在处理过程中，将对可再次利用的材料等进行分类回收，对于无法回收的部分进行无害化处置，以消除其环境风险。

40. 如何防止废弃电器电子产品处理过程中的环境污染？

废弃电器电子产品处理过程一般是对废弃电器电子产品进行手工和机械拆解，并对其中可再次利用的材料进行深加工，以便生产新的材料。在这些过程中，污染环节主要是在对拆解产物的后续深度处理上，可能产生如粉尘、废水、污泥、酸雾、废气、噪声等造成环境污染。为此，应针对处理过程可能产生的各类污染物，根据其释放渠道，设置尾气处理、废水处理、防噪降噪等污染控制设施，并严格检测污染物的排放量。另外，拆解产生的拆解产物，如印刷电路板、彩色电视机的含铅玻璃、冰箱的保温层材料和制冷剂等有害物质，需要交由专业化企业进行深度处理或处置。

41. 为什么对废弃电器电子产品实行集中处理制度？

电子废物处理过程是污染物集中释放的过程，具有较高的环境风险，因此处理企业必须具备完善的废弃电器电子产品处理设施，具有对不能完全处理的废弃电器电子产品的妥善利用或者处置方案，具有与所处理的废弃电器电子产品相适应的分拣、包装以及其他设备，具有相关安全、质量和环境保护的专业技术人员等。

实践证明，小规模的分散处理活动难以保证对污染控制措施的投入，导致污染物无序排放，造成较大环境风险。因此我国对于废弃电器电子产品实行集中处理制度，由取得电器电子产品处理资格的企业进行集中的规范拆解和处置。

42. 我国电子废物应由哪些单位进行处理处置？

根据我国现行的电子废物管理制度框架，我国对于不同类别的电子废物实行不同的管理制度。

对于列入《废弃电器电子产品处理目录》的电子废物按照《废弃电器电子产品回收处理管理条例》的要求处理处置。这类电子废物应送至获得"废弃电器电子产品处理资质"的处理企业，按照国家环境保护规定进行处理处置。

对于《处理目录》之外的电子废物，应按照《电子废物污染环境防治管理办法》要求，送至电子废物拆解利用处置单位（包括个体工商户）名录（含临时名录）企业进行处理处置。对于废电路板等属于危险废物的电子废物，应严格执行危险废物的相关管理规定，交由具有相关资质的危险废物许可经营单位处理处置。

43. 我国对电子废物处理有哪些规定和要求？

我国电子废物的处理处置应该符合国家有关环境保护、劳动安全和保障人体健康的要求。如废水、废气、噪声等排放应达到相关排放标准，并对其中污染物定期监测。

含有特殊有毒有害的元（器）件、零（部）件应单独拆除，分类收集、处理，如：含铅玻璃、荧光粉、含汞元器件、线路板、含阻燃剂的塑料及电池等。对于废电路板等属于危险废物的电子废物，应由获得危险废物经营许可证的单位进行处理处置。

44. 废弃电器电子产品处理企业应满足哪些条件？

为了规范废弃电器电子产品的集中处理，环境保护部出台了《废弃电器电子产品处理资格许可管理办法》，对废弃电器电子产品处理企业提出了明确的许可条件。比如，设定了企业的最低规模，处理厂的生产车间、处理场地、贮存场所等基本条件，尤其加强了对各类废弃电器电子产品拆解处理过程的污染防治措施、环境管理制度和措施、突发环境事件的防范措施和应急预案等的要求；为了实现对资质企业的有效监管，还提出了配套的视频监控系统、数据信息管理系统等的建设要求。此外，还提出资质企业应具有相关安全、质量和环境保护的专业技术人员。

45. 电子废物拆解利用处置单位应满足哪些条件？

为了保障电子废物得到规范拆解，针对《废弃电器电子产品处理目录》之外的电子废物，其处理处置单位应符合《电子废物污染环境防治管理办法》要求，例如：配套建设环境保护设施；配备具有相关专业资质的技术人员，建立管理人员和操作人员培训制度和计划；建立电子废物经营情况记录簿制度；建立日常环境监测制度；落实不能完全拆解、利用或者处置的电子废物以及其他固体废物或者液态废物的妥善利用或者处置方案；具有与所处理的电子废物相适应的分类、包装、车辆以及其他收集设备；建立防范因火灾、爆炸、化学品泄漏等引发的突发环境污染事件的应急机制。

46. 电子废物处理处置技术有哪些？

（1）整机拆解。整机拆解主要是以手工、气动或电动工具将电子废物解体，并对各类部件进行分类。

（2）物理破碎分选再生材料。即使用破碎机等设备，将塑料、金属制备的电器产品外壳部件等进行破碎，根据不同材质分类收集，生产再生塑料、再生金属等再生材料。

（3）物理化学方法提取贵重金属。利用火法冶金、湿法冶金等物理化学方法，从废电路板、废电池、废电子元器件等电子废物中提取金、银、铜等贵重金属。

（4）焚烧、填埋等最终处置。对于难以综合利用的拆解产物，需要根据相关规定，对其进行最终处置，消除其环境影响。

47. 废弃电器电子产品拆解产生的危险废物应如何处置？

废弃电器电子产品拆解产生的危险废物应当交由持有危险废物经营许可证并具有相应经营范围的企业进行处理，如润滑油、含汞电池、镉镍电池、含汞灯管、汞开关、含多氯联苯（PCBs）的电容器、废机油、废印刷电路板；处理阴极射线管产生的荧光粉、粉尘及失效的吸附剂、废液、污泥及废渣等。

　　自行处理废印刷电路板的，产生的非金属组分应当自行或委托符合环保要求的单位进行无害化利用或处置。

　　彩色电视机和计算机显示器拆解产生的 CRT 锥玻璃应提供或委托给 CRT 玻壳生产企业回收利用或交由持危险废物经营许可证并具有相应经营范围的单位利用或处置。

48. 制冷剂、发泡剂应如何处置？

　　老式电冰箱或空调器的制冷剂、发泡剂含有氟利昂类物质，属于臭氧层消耗物质，应当回收并提供或委托给依据《消耗臭氧层物质管理条例》（国务院令第 573 号）经所在地省（区、市）环境保护主管部门备案的单位进行回收、再生利用或者委托给持有危险废物经营许可证并具有相应经营范围的单位销毁。

49. 废荧光灯的主要流向有哪些？

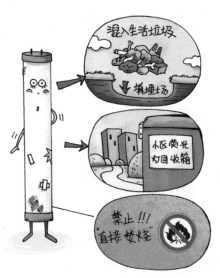

目前，国内外废荧光灯的处理处置流向主要有：混入生活垃圾进入填埋场和回收利用。有条件的地区应对废荧光灯回收利用，要采取封闭、负压等措施，对荧光灯中的汞进行回收。严禁以直接焚烧的方式处置。

50. 如何控制废荧光灯的环境污染问题？

废弃荧光灯易破碎，收集和运输成本高，回收价值低，是世界各国的一个难题。为了控制废荧光灯的环境污染问题，应该从生产、收集、处理等多个环节共同入手。

在生产环节，应积极推广以低汞、固汞技术为基础的清洁生产，大大减少了汞的使用和排放。2008 年以来，我国大力推广高效照明产品，目前我国节能灯等荧光灯产品中已广泛应用低汞、固汞技术，部分产品汞含量在 1.5mg / 支以内，已经达到国际先进水平。

废弃荧光灯应单独收集，鼓励开展收集试点工作。北京等地区环境保护部门正在开展废荧光灯分类收集试点工作。

在处理环节，为加强废弃荧光灯的环境监管，国家建立了资质许可制度，并由环境保护部审核发放废含汞荧光灯管处理资质证书。目前，全国已有 4 家单位获得处置废含汞荧光灯的危险废物经营许可证，年处理能力达 1 万余 t，约合含汞灯管 4 000 多万支。

51. 如何控制废电池的环境污染问题？

在源头控制方面，我国的无汞干电池生产技术已非常成熟，根据我国《关于限制电池产品汞含量的规定》等相关规定，目前在我国国内销售的各类电池必须全部为低汞或无汞电池，且在单体电池产品上均需标注"低汞"或"无汞"等说明汞含量，不符合要求的电池已被禁止生产和销售。

在回收处理方面，由于废电池等消费领域产生的废弃物品，具有来源分散、收集困难的特点，需要根据实际情况进行分类管理，选择技术经济最可行的方式控制其环境风险。对于电池中环境危害最大的铅蓄电池，我国按照危险废物进行严格管理。2011 年，环境保护部下发《关于加强铅蓄电池及再生铅行业污染防治工作的通知》，要求切实加强废铅蓄电池回收及再生铅行业的污染防治工作，打击无危险废物经营许可证从事废铅蓄电池回收的行为，取得了积极成效。

52. 废弃电器电子产品处理行业发展现状和趋势如何？

《废弃电器电子产品回收处理管理条例》建立了发展规划制度，限制企业数量和处理规模，防止无序竞争，规划内处理企业技术水平和污染防治水平不断提高。截止到 2013 年 2 月底，我国已有 22 个省的 64 家以上的企业取得了资质，总处理能力每年达到约 8 800 万台。

到 2015 年年底，全国共规划建成废弃电器电子产品处理企业 110 余家，平均每家企业处理能力每年超过 70 万台，处理规模已达到或超过发达国家同类典型企业处理规模。

随着行业的不断发展，在我国的废弃电器电子产品处理行业已经涌现出一批企业集团、上市公司等龙头企业。随着我国对于相关企业环境管理要求不断细化和完善，规划内企业的技术水平和管理水平不断提高。如部分企业的技术装备和管理已经达到了国际较为先进的水平；部分企业已经掌握了金、银等贵重金属的深加工提取能力。

53. 我国废弃电器电子产品处理产业有哪些特点？

总体而言，我国废弃电器电子产品处理仍处于行业发展的初期阶段，产业链正在逐步形成和完善。

根据我国国情，通过资质许可等相关制度推动，形成了手工拆解加专用设备相结合的行业技术特点，可以对电子废物中的各类资源实现高效的分类回收。

部分企业引进了国外先进工艺设备，如发达国家先进的整体破碎、分选设备、提取贵金属的关键技术和设备。在引进国外设备的同时，我国部分设备制造企业也开始自主研发关键拆解设备，并得到了广泛应用。例如，目前我国使用的 CRT 切割设备大多是我国企业自主研发制造的。为了提高企业发展潜力，部分企业与科研机构合作，开展了处理技术和装备的研发工作，尤其是对贵金属提取等资源深加工技术工艺的开发研究。

部分处理企业建立了初步的废弃电器电子产品回收体系，与专业回收单位合作，或是与电器电子产品销售单位合作，与规范处理企业对接的回收网络开始形成。

电子废物利用与处置
知识问答
LIYONG YU CHUZHI
ZHISHI WENDA

第五部分
电子废物的资源化

54. 什么是电子废物的资源化？

电子废物的资源化是通过采用各种工程技术方法和管理措施，回收电子废物中有用物质，包括直接作为原料进行利用或者进行再生利用。例如，从电视、空调、洗衣机、电脑等产品的机箱等部件中可以回收大量铁、铜、铝等金属及金、银等贵金属进行再生利用；同时还能得到大量废塑料；拆解下来的部件，如线路板，在分选金属后通常会产生大量的塑料和玻璃纤维等非金属材料，可制备再生板材填料或用于建筑材料；电视机显示器中拆解下的阴极射线管的屏玻璃等可以作为玻璃原料或制备保温隔热泡沫玻璃等建材制品。

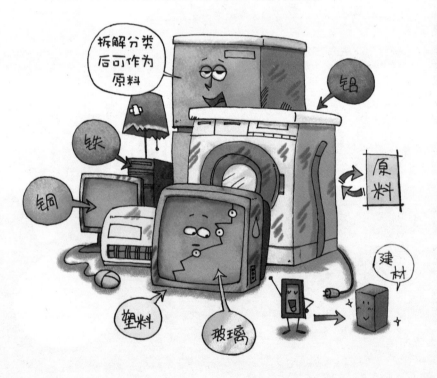

55. 电子废物资源化的价值有多大？

电子废物中有许多有用的资源，废弃的电子元件里含有铜、铝、铁等金属和金、银等贵重金属，其次是塑料、玻璃等其他有价物质，均具有很高的再利用价值。通过再生从电子废物中获得资源的成本大大低于直接从矿石、原材料等冶炼加工获取资源的成本，而且可以节约能源、减少污染物排放。据估算，2010 年我国废弃的"四机一脑"产品

约 162 万 t，理论上可回收 47 万 t 钢铁、7 万 t 铜、7 万 t 铝、50 万 t 塑料、37 万 t 玻璃和 1 万 t 金、银等稀贵金属。

56. 电子废物的资源化原则是什么？

电子废物的资源化需遵循环境无害化原则，即在环境友好的前提下，尽量提高资源回收效率。利用再生原料生产的资源化产品应当符合相应的质量标准。

57. 电子废物资源化包括哪些流程？

电子废物的资源化流程包括将电子废物以人工或机械方式拆解、破碎，对可再生材料、拆解产物进行分类、利用、加工等，部分含有有害成分的部件在这个过程中要单独收集处理。其余材料经破碎、分选等工序进行处理，提取再生材料，无法再利用的一般废弃物进入到焚烧、填埋等处置环节。

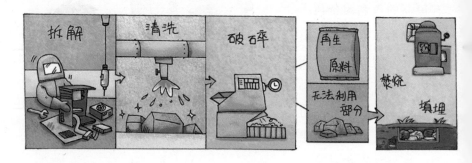

58. 我国针对电子废物资源化出台了哪些政策法规？

近年来，我国建立了电子废物的回收处理政策法规和污染控制标准体系，出台了如《废弃家用电器与电子产品污染防治技术政策》（2006）、《电子信息产品污染控制管理办法》（2007）、《电子废物污染环境防治管理办法》（2007）等一系列法规政策文件，2009年以来颁布了《废弃电器电子产品回收处理管理条例》等一系列配套政策，2010年发布了《废弃电器电子产品处理污染控制技术规范》。

在政策法规的推动下，我国的科研单位和企业开发了电子废物关键部件处理的工艺设备，在金属和塑料回收利用、特定废物处理等领域也开展了相关的技术和设备研发，并取得了一定成效，但提取贵重金属等深加工能力与国外发达国家相比仍存在差距。

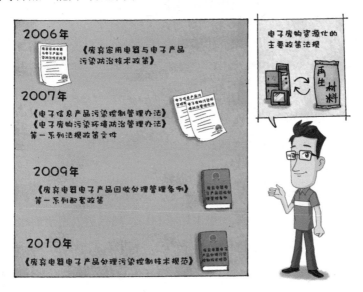

59. 废弃洗衣机如何资源化？

　　废弃洗衣机可通过拆解，将各组件进行分离。在拆解过程中，同时分离洗衣机铁皮外壳和内筒，再通过进一步拆解零部件，分离出纯塑料桶壁及不锈钢内筒胆。部分洗衣机水桶的材质是优质的再生塑料，可使用专业设备分离后，经过破碎、清洗、造粒，制成塑料制品。

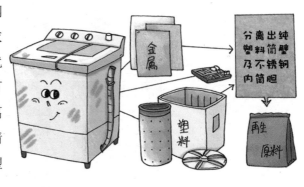

60. 废弃电冰箱如何资源化？

可采用手工与机械处理相结合的方法，首先对废弃电冰箱进行手动拆解，分类得到塑料、电线、玻璃、热处理器、线路板等再生资源及部件，然后进行制冷剂回收，再拆除压缩机、冷凝器等部件，然后将箱体进行多级密闭负压破碎，破碎过程中回收保温层中的氟利昂，再分离出塑料及聚氨酯泡沫；通过磁选，分离出铁；最后分离出铜、铝及塑料。

也可采用纯机械拆解法，将冰箱放入流水线，首先人工拆除冰箱门，使用回收装置回收压缩机中的氟利昂，然后进入密闭的冰箱破碎分选系统，回收保温层中的氟利昂，并得到聚氨酯泡沫塑料、铁、铜、铝、塑料等再生资源。

61. 废弃空调器如何资源化？

首先拆除外壳和零部件，采用专用
装置回收制冷剂，然后卸下压缩机，
通过人工拆解、机械破碎、磁选、
风选等方式分出铜、铝、铁、塑
料等物质。

62. 废弃电视机如何资源化？

废弃电视机的拆解方法以人工为主、机械为辅。首先，拆除电视
机外壳进入塑料回收流程；拆除机内连接线、电路板等部件，分类进

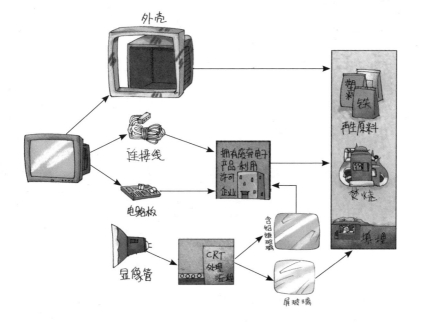

入专门的资源化流程；显像管进入专门的 CRT 处理流程，含铅锥玻璃与屏玻璃分离后，其中属于危险废物的含铅锥玻璃应委托具有相关资质的企业处理。目前液晶电视报废量很少，未形成较大的处理规模，主要以手工拆解为主，分离出其中的液晶面板、线路板、铝板金件等部件，并分别处理处置。

63. 废弃电脑如何资源化？

废弃电脑显示器的回收处理情况与电视机类似，除此以外，还涉及机箱、主机电路板、键盘等组件的回收。废弃电脑经拆解后，各部件被拆分开，部分组件经清洗、翻新后再次使用，剩余部件经过破碎、分选后，进入各自的回收流程，最终成为各类金属、塑料等再生资源。

64. 废手机有哪些资源化技术？

废手机中既有金属、塑料等可再生资源，又含有铅、阻燃剂及多氯联苯等有害物质。目前，我国废手机的资源化技术以人工拆解为主，分离得到废电池、废电路板、废液晶屏幕、废塑料、废零部件等，并分类进行资源化加工，得到再生金属、再生塑料等资源。

65. 废电池有哪些资源化技术？

铅蓄电池处理可采用破碎分选、化学脱硫、低温熔炼和精炼等工艺，生产出再生铅产品和硫酸、塑料等产品。部分厂家还将处置与生产相结合，组成铅蓄电池清洁生产全循环产业链。

镍镉及锂电池大多采用分离、萃取等工艺为主的湿法回收技术。其他电池种类各异，含有的资源成分也差别较大，根据电池的组成，在各类废电池中价值较高的金属为银、镍、钴、镉金属，铅次之，汞、锌较低，可通过人工分选、湿法处理、干法处理等方式回收电池中的各类金属资源。

66. 废电路板和废线路板的资源化技术有哪些？

国内外在电子元器件拆卸方面已有一定的研究基础。国内电路板元器件的拆卸主要以手工为主，即通过用加热熔化焊料以拆除元器件。目前，国内外也有将带有元器件的废电路板整体进行破碎、分选的设备，但相关应用较少。

拆除元器件后的废电路板即为废线路板，通常含有约 30% 的高分子材料、30% 的惰性氧化物和 40% 的金属。除金属外电路板中的非金属材料一般占 60% 以上，主要成分是玻璃纤维、热固性环氧树脂和各种添加剂。废线路板的资源化技术有酸洗法、火法、热解法及机械物理法等。除了金属部分可资源化利用外，非金属部分可以用来制备复合材料。

67. CRT 玻壳玻璃的资源化技术有哪些？

彩色电视机的CRT 锥玻璃中含有较多的铅，属于危险废物，是电子废物资源化技术研究的重点。但 CRT 屏玻璃中铅含量较低，可以作为普通玻璃处理。为减少危险废物的处置量，目前国内企业主要采用电热丝法（热爆带）、金刚石切割等设备对 CRT 玻璃进行屏锥分离。锥玻璃主要有以下 4 种资源化方向：①替代石英砂等材料作为铅冶炼原料或助溶剂利用于冶金工业；②替代硅酸盐和石英等主要原料制备含铅量在 60% 以上的防辐射玻璃；③作为制造水晶玻璃的原料；④制作白炽灯、节能灯等电光源产品中的低铅芯柱。

68. 如何提取电子废物中的金属？

电子废物中含有如铜、铝、铁及各种稀贵金属在内的大量金属资源。首先采用破碎实现电子废物各组分，特别是金属与非金属组分的有效解离，然后利用非金属与金属之间物理性质的差别（如密度、形状、粒度、导电性和磁性等方面），采用各类分选工艺实现金属的富集和回收。如通过磁选分离出铁、利用比重分选将铝从混合金属中分离出来等。目前国内主要通过湿法冶金技术和火法冶金技术提取贵金属。

69. 电子废物中的塑料如何资源化利用？

通常，电子废物中分离出的塑料可以通过3种方式进行资源化利用：①生产再生塑料颗粒，用于相关工业领域生产塑料制品；②将塑料加工为高能燃料，在具有良好环境保护措施的燃烧炉应用；③将塑料与其他材料混合，共同制作木塑等复合材料产品。

70. 如何利用生态设计提高电子产品的资源化水平？

通过生态设计，减少有害物质的使用，从源头减少后续处理的压力；通过产品材料的标准化，实现产品的兼容回收；通过零部件的标准化设计，提高产品的可修理性和可升级/再利用性，从而提高产品的使用寿命，全面提高电子产品的资源化水平。

例如，我国著名电器生产商海尔集团提出"绿色设计、绿色生产、绿色营销、绿色回收"的绿色经营模式，建立了全面的绿色生产体系，涵盖了产品的设计、生产过程和废弃物回收阶段。海尔在坚持绿色设计原则的同时在产品的生产过程采用绿色生产工艺，并开发出了多项产品回收处理技术，减少产品对环境的影响。

电子废物 DIANZI FEIWU
利用与处置
知识问答
LIYONG YU CHUZHI
ZHISHI WENDA

第六部分
发达国家电子废物
管理经验

71. 欧洲如何管理废弃电器电子产品？

> 欧盟的主要法律法规：《关于报废电子电气设备指令》(WEEE) 和《关于在电子电气设备中限制使用某些有害物质指令》(RoHS)，《电子垃圾处理法》，《用能产品生态设计框架指令》(2005/32/EC)

　　欧洲议会和理事会《关于报废电子电气设备指令》（WEEE）和《关于在电子电气设备中限制使用某些有害物质指令》（RoHS）于 2002 年 10 月 11 日获得批准，并于 2003 年 2 月 13 日起生效。2004 年 8 月 13 日，欧盟出台了《电子垃圾处理法》，并于 2005 年 8 月 13 日正式实施。该法依据 2002 年欧盟《关于报废电子电气设备指令》（WEEE）和《关于在电子电气设备中限制使用某些有害物质指令》（RoHS）这两项指令完成，对电气产品的材料、零部件和设计工艺提出了更高的环保要求。2005 年 7 月 6 日，欧洲议会和欧洲理事会正式通过了

《用能产品生态设计框架指令》（2005/32/EC，简称 EUP 指令），该指令于 2005 年 7 月 22 日在欧盟的官方公报上发布，并于发布之日起 20 天后正式生效。该指令涉及所有在欧盟销售或使用的用能产品（除交通工具外），包括电机、锅炉、水泵、电光源、灯具、办公设备、大小家电以及电子产品等，项目涵盖包括产品的能效、噪声、辐射、电磁兼容、有害物质、污染排放（对大气、土壤和水体）以及废旧产品的再利用和回收，指令要求制造商改变传统的设计理念，在产品设计中融进生态设计思想。欧盟要求各成员国最迟在 2007 年 8 月 11 日前将该指令转化为本国的法规并加以实施。

72. 美国如何管理废弃电器电子产品？

美国联邦政府虽然没有对废弃电器电子产品实行强制性回收利用的法律，只是对废弃制冷设备中破坏臭氧层的氯氟烃（CFCs）和含氢氯氟烃（HCFCs）实行强制回收，但是已有一些州尝试制定自己的电子废物专门管理法案。

加利福尼亚州在制定电子废物法律法规方面走在全美的前列。2003 年 9 月，该州制定了《电子废物回收利用法》（The Electronic Waste Recycling Act of 2003），对在加州销售的所有视频显示设备的废弃物的管理和回收做出了规定，并于 2005 年 1 月 1 日起正式实施。

2006 年 1 月，缅因州正式实施《有害废物管理条例》，规定家用电视机和电脑显示器实行强制回收。与加州不同的是，缅因州规定由生产商承担指定电子废物的收集和处理费用，但没有规定具体的收费标准。缅因州还将回收处理的运行管理职能，从政府部门转为交由第三方组织。

73. 日本如何管理废弃电器电子产品？

日本的电子废物管理法律法规中，占有重要地位的是《家电回收法》。该法于 1998 年 5 月通过，2001 年 4 月 1 日正式实施，是世界上较早的关于废旧家电回收和处理方面的立法，是日本建设循环型社会法律体系的重要组成部分。这部法律的主要内容包括：以电冰箱、电视机、空调和洗衣机 4 种电器为立法对象；要求生产商承担再生利用的责任，必须以自行投资或协作参股的方式建设加工处理设备；产品经销商承担产品的回收、运输的责任，即零售商对于已经销售的产品必须负责回收，而且在销售新的家电时必须负责回收替换下来的旧家电；消费者承担将自己废弃的电器交付给经销商的义务，并承担废物收集、处理的相关费用。2013 年 4 月日本正式实施《小型家电回收法》，该法规定由地方政府或认定企业回收手机、数码相机等小型家电产品，并对其中含有的金属等进行资源回收利用。

74. 欧洲国家的电子废物回收状况如何？

欧洲作为发达国家集中地区，一直以来都高度重视废弃电器电子产品管理工作。2012 年 8 月，新 WEEE 指令生效，并对产品适用范围作了更加细致的规定，在回收目标方面，对不同类别产品制定了新的回收率。例如，大型家用器具回收率需要在 2015 年 8 月 14 日之前达到 80%，在 2018 年 8 月 14 日之前达到 85%。

德国是最先将欧盟 WEEE 指令转化为本国法律的国家，明确规定了产品持有者、公共废弃物管理机构、销售商、生产商都对废弃电器电子产品回收所负有的责任。产品持有者如要废弃所持有的电器电子产品，应按要求送至分类回收点，同时家庭用户也应遵守《物质封闭循环与废弃物管理法》关于返还废物责任的规定。德国废弃电器电子产品的 60% ～ 70% 是由市政部门公共废物管理机构收集的。

75. 美国的电子废物回收状况如何？

在美国，废弃电器电子产品回收渠道包括市政部门、销售商、回收商、非营利机构或环保组织、生产者或行业组织、政府伙伴关系项目。

其中生产者、非营利机构和政府伙伴关系项目对促进废弃电器电子产品回收发挥着很重要的作用。生产者多数通过行业组织机构参与废弃电器电子产品回收,如美国电器制造商协会(NEMA)和美国贸易协会,尤其一些跨国公司表现积极,直接参与废弃电器电子产品回收,如苹果(Apple)、惠普(HP)、国际商业机器公司(IBM)等。

2011 年,美国国家环保局(EPA)发起了"消费电子产品回收牵头计划",计划于 2016 年实现每年 45.4 万 t 电子产品的回收目标。该计划于 2012 年回收了 26.5 万 t 废旧电子产品,截至 2012 年年底,美国共有 8 000 多个电子废物回收点遍布全国,加入"消费电子产品回收牵头计划"的企业中,有 99% 的企业得到了第三方的回收企业认证。

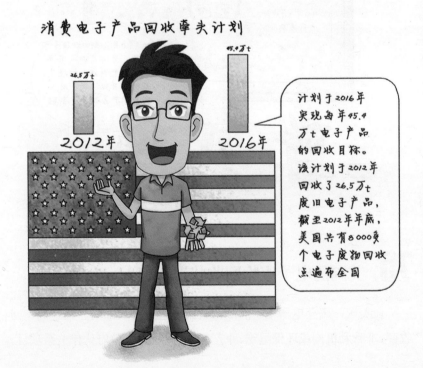

76. 日本的电子废物回收状况如何？

2001 年，日本实行《家电回收法》，将冰箱、洗衣机、电视和空调 4 种主要家电从普通的生活垃圾中分离出来，进入专门的回收处理体系进行再资源化利用处置。目前日本废家电回收有两个渠道：一是通过销售商回收，二是由市町村（相当于我国的市县村）政府设立的专门回收点回收。废家电回收后送到指定回收点，再由指定回收点运送至废家电回收处理设施处理。

2008 年年底，日本修订《家电再生利用法》，新规定的再生利用指标是：冰箱和冷柜 60%，洗衣机、干衣机 65%，CRT 电视 55%，平板电视（LCDPDP）50%，空调 70%。截至 2013 年 7 月 1 日，日本已有指定回收点 380 座，回收处理设施 49 座。通过十多年的发展，日本形成了从回收、运输到处理的完整废弃电器电子产品处理产业链，各环节紧密连接，有效运作，资源的回收率和回收量都有明显提高。

77. 国外电子废物处理处置技术现状如何？

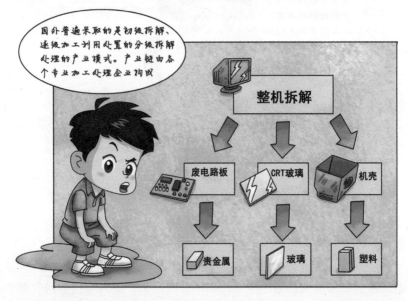

发达国家电子废物处理处置已经形成了专业化、集约化的产业发展模式。由于电子废物来源分散、数量大、运输成本高，国外普遍采取的是初级拆解、逐级加工利用处置的分级拆解处理的产业模式。产业链由各个专业加工处理企业构成。例如，初级拆解企业对回收的整机进行分解、材料分类或破碎分选，而对于 CRT 玻璃、废电路板等需要规模化处置的拆解产物，则交给专门的企业集中处理处置。专业化、集约化的处理处置模式，可以更有效地集中技术和资金，实现规模化的经济效益。

　　发达国家在电子废物处理技术的机械化程度比较高，尤其是深加工环节的机械化程度高。在整机破碎分选以及贵重金属提取等均有较为成熟的电子废物回收利用技术。例如，欧洲国家在 CRT 显示器处理处置技术方面采用了自动化程度较高的屏锥玻璃分离技术，如激光切割和整体破碎技术等。

78. 发达国家电子废物资源化状况如何？

发达国家电子废物处理处置机械自动化程度高、工艺技术针对性强，而且处理效率高、工艺过程完善，注重环境保护和资源化。例如，根据日本 2013 年家电回收年度报告书，2012 年日本共处理 4 大类废家电 1 134 万台，处理量达 46.8 万 t，再商品化重量达 39.5 万 t，再商品化率达 84%。根据德国 2013 年发布的废物管理报告，2010 年德国共回收各类废旧电器电子产品 77.7 万 t，人均回收 8.8kg，其中超过 90% 都是从私人家庭回收，资源化利用率达 83.5%。

79. 国外有哪些电子废物资源化应用技术？

　　在处理技术上，发达国家机械自动化程度较高、工艺技术较先进。例如，在封闭环境下运用预拆解—抽吸—负压破碎—分选的工艺处理废弃冰箱，防止制冷剂和发泡剂的泄漏，并分离出铁、铝、铜等材料；采用自动化程度较高的如激光切割技术，分离 CRT 显示器屏锥玻璃；日本开发的自动拆卸废电路板元器件装置是通过红外线加热电路板，并利用垂直方向和水平方向的冲击力使穿孔元器件和贴片元器件脱落等。

电子废物 DIANZI FEIWU
利用与处置
知识问答
LIYONG YU CHUZHI
ZHISHI WENDA

第七部分
我国废弃电器电子
产品的管理体系

80. 我国废弃电器电子产品管理的发展历程是怎样的？

在过去十几年中，我国政府出台了各种与电子废弃物管理相关的环境法律、法规、标准、技术指导和规范，其发展历程如下图：

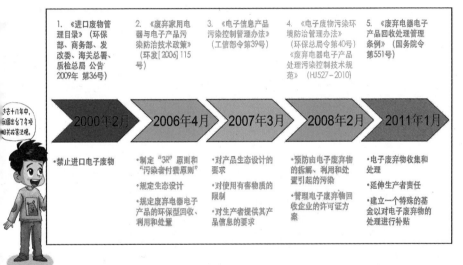

81. 我国废弃电器电子产品管理的法律和制度体系是怎样的？

我国电子废物管理的基本法律和制度体系主要由三部法律、一个条例、五个部门规章，以及若干标准规范和部门规范性文件构成。

三部法律包括《中华人民共和国固体废物污染环境防治法》《中华人民共和国清洁生产促进法》和《中华人民共和国循环经济促进法》，三部法律对电子废物的环境管理提出了宏观要求。

一个条例是《废弃电器电子产品回收处理管理条例》，对纳入《废弃电器电子产品处理目录》的电子废物提出了具体的管理要求，并建立了规划、资质许可、基金补贴等制度。

五个部门规章包括《电子信息产品污染控制管理办法》《再生资源回收管理办法》《电子废物污染环境防治管理办法》《废弃电器电子产品处理资格许可管理办法》和《废弃电器电子产品处理基金征收使用管理办法》，分别在产品生产、回收、拆解处理等环节提出了污染控制和环境管理的相关要求，初步形成了电器电子全生命周期管理模式。

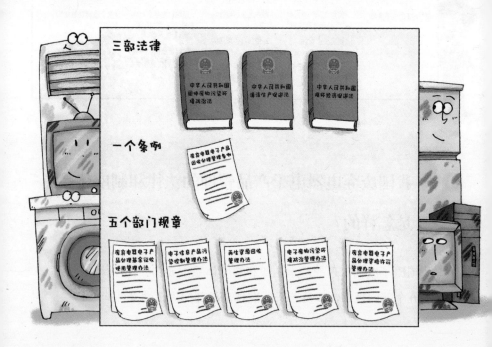

82. 我国废弃电器电子产品回收处理涉及哪些政府主管部门？

　　环境保护部作为贯彻落实《废弃电器电子产品回收处理管理条例》的牵头部门，会同国家发展改革委、工业和信息化部、财政部、商务部、海关总署、税务总局、工商总局、质检总局，国务院法制办等部门建立了电子废物管理工作协调机制，制定了工作方案，明确了工作任务、责任分工和进度安排。

　　例如，环保部逐级落实废弃电器电子产品处理企业资格审批、基金补贴审核及日常监管等各项责任，建立了较为完善的废弃电器电子产品回收处理监管体系；国家发展改革委重点负责研究制定废弃电器电子产品处理目录；工业和信息化部重点负责对电器电子产品生产环节有害物质限制使用、生态设计等的监管和指导；财政部负责废弃电器电子产品处理基金的征收和发放等；商务部负责建立规范的废弃电器电子产品回收体系等工作。

83. 我国废弃电器电子产品环境管理有哪些特点？

（1）突出重点，逐步推进。废弃电器电子产品来源广、种类多、数量大，我国电子废物的环境管理刚刚起步，相关经验不足，在人员、资金有限的情况下，制定了《废弃电器电子产品处理目录》，第一阶段集中力量，重点对"四机一脑"进行管理，待条件成熟后，逐步扩大管理范围。

（2）充分运用经济手段，建立长效机制。我国借鉴了发达国家实施"生产者责任制"的先进经验，结合我国具体国情，建立了废弃电器电子产品回收处理

基金，调动了生产者、回收经营者和处理企业等各方面参与废弃电器电子产品回收处理的积极性。

（3）建立广泛的环境保护统一战线。国务院资源综合利用、质量监督、环境保护、工业信息产业等主管部门依照规定的职责制定废弃电器电子产品处理的相关政策和技术规范，管理范围基本覆盖了电器电子产品全生命周期。地方人民政府有关部门在各自职责范围内对废弃电器电子产品回收处理活动实施监督管理。

84. 我国如何控制电子废物非法越境转移？

　　我国是《控制危险废物越境转移及其处置的巴塞尔公约》缔约方之一，从 2000 年起就禁止了办公和消费类电子废物的进口。我国明确禁止进口废弃电池、废弃计算机设备及办公用电器电子设备（如废弃打印机、复印机、传真机、打字机、计算器、计算机等）、废弃家电（如废弃空调、洗衣机、冰箱等）、废弃通信设备（如废弃电话、网络通信设备等）、废弃视听产品及广播电视设备和信号装置（如废弃录像机、摄像机、收音机、电视机等）和废弃电器电子元件（如印刷电路板、阴极射线管等）等。

　　在打击电子废物非法向我国越境转移方面，我国的环境保护部门与海关、质检等部门相互配合，建立了固体废物进口管理和执法信息共享等多部门联动机制，出台了进口固体废物风险监管指南，完善了违法信息举报制度，开展了进口固体废物专项整治工作，对非法越境转移进行严厉打击。近年来，电子废物向我国境内非法夹带走私的情况明显好转。

85. 《废弃电器电子产品回收处理管理条例》的制定目的是什么？

我国是电器电子产品生产和消费大国，并进入了电器电子产品淘汰报废的高峰期。过去，我国一些地方存在为数众多的拆解处理废弃电器电子产品的个体手工作坊，为追求短期效益，采用露天焚烧、强酸浸泡等原始落后方式提取贵金属，随意排放废气、废液、废渣，对大气、土壤和水体造成了严重污染，危害了人类健康。

废弃电器电子产品中有许多有用的资源，如金、银、铜、铝、铁等各种稀贵金属，以及塑料等，具有很高的再利用价值。加强废弃电器电子产品的回收利用，对于发展循环经济，解决资源短缺对我国经济发展的制约问题，具有重要意义。

制定《废弃电器电子产品回收处理管理条例》的目的是为了规范废弃电器电子产品回收处理活动，促进资源综合利用和循环经济发展，保护环境，保障人体健康。

86. 《废弃电器电子产品回收处理管理条例》的主要内容是什么？

《废弃电器电子产品回收处理管理条例》于 2008 年 8 月 20 日国务院第 23 次常务会议通过，自 2011 年 1 月 1 日起施行。该条例规定建立《废弃电器电子产品处理目录》，对废弃电器电子产品实行目录管理；建立多渠道回收制度，促进废弃电器电子产品进入规范的回收处理渠道；对废弃电器电子产品实行集中处理制度和资格许可制度，由获得处理资格的企业对该《目录》内的废弃电器电子产品实行集中处理处置；国家建立废弃电器电子产品处理基金，向电器电子产品生产者和进口者征收基金，用于废弃电器电子产品回收处理费用的补贴。此外，《条例》还规定了废弃电器电子产品处理设施规划制度、信息报送制度等。

87. 《废弃电器电子产品回收处理管理条例》的管理范围有哪些？

　　《废弃电器电子产品回收处理管理条例》规范的是列入《废弃电器电子产品处理目录》的废弃电器电子产品的回收处理及相关活动。国务院资源综合利用主管部门会同国务院环境保护、工业信息产业等主管部门制订和调整《目录》，报国务院批准后实施。《目录（第一批）》包括"四机一脑"，即电视机、电冰箱、洗衣机、空调器和微型计算机 5 个产品种类。

　　《条例》所称废弃电器电子产品的处理活动，是指将废弃电器电子产品进行拆解，从中提取物质作为原材料或者燃料，用改变废弃电器电子产品物理、化学特性的方法减少已产生的废弃电器电子产品数量，减少或者消除其危害成分，以及将其最终置于符合环境保护要求的填埋场的活动，不包括产品维修、翻新以及经维修、翻新后作为旧货再使用的活动。

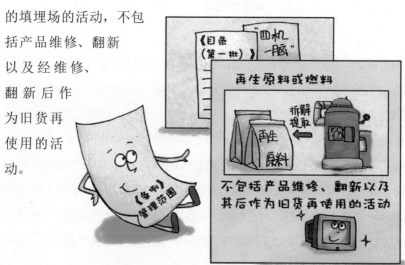

88. 什么是废弃电器电子产品处理规划制度？

废弃电器电子产品处理是劳动密集型产业，处理技术和资金门槛相对较低，而电器电子产品的废弃量有限。如果处理企业一哄而起、遍地开花，将造成盲目争夺有限的废弃电器电子产品资源的局面，妨碍废弃电器电子产品处理产业健康发展，最终影响废弃电器电子产品的规范处理。

各省、自治区、直辖市环保部门负责依法牵头开展废弃电器电子产品处理发展规划的编制工作，落实《废弃电器电子产品处理管理条例》关于废弃电器电子产品集中处理的制度，严格控制处理企业数量，对处理企业进行统筹规划、合理布局。既要保证有足够的处理能力，又要防止处理能力总量过剩和结构性过剩。对处理能力过剩的地区，不得新增处理能力和企业。

89. 什么是废弃电器电子产品处理专项基金，为什么要制定这项制度？

《废弃电器电子产品处理管理条例》规定，国家建立废弃电器电子产品处理基金，用于废弃电器电子产品回收处理费用的补贴。2012 年 5 月 21 日，财政部、环境保护部、国家发展改革委、工业和信息化部、海关总署和国家税务总局联合发布《废弃电器电子产品处理基金征收使用管理办法》（财综 [2012]34 号），使得废弃电器电子产品处理有法可依。电器电子产品生产者、进口电器电子产品的收货人或者其代理人应当按照规定履行缴纳义务。

建立废弃电器电子产品处理专项基金制度，是依据有关法律规定，立足我国国情，并借鉴国外"生产者责任制"的做法而提出的。具体原因如下：①依据《固体废物污染环境防治法》，国家对固体废物污染环境防治实行污染者依法负责的原则，产品的生产者、销售者、使用者对其产生的固体废物依法承担污染防治责任。②为推动生产者承担一定的废弃电器电子产品的回收处理责任，支持处理企业实现产业化经营，需要国家出台一定的激励措施。③从一些国家的实践情况看，生产者也是通过缴纳回收处理费用，由专门机构统一组织回收处理。

90. 废弃电器电子产品处理专项基金从何而来？

电器电子产品生产者、进口电器电子产品的收货人或者其代理人应当按照规定履行基金缴纳义务。电器电子产品生产者应缴纳的基金，由国家税务局负责征收。进口电器电子产品的收货人或者其代理人应缴纳的基金，由海关负责征收。基金分别按照电器电子产品生产者销售、进口电器电子产品收货人或者其代理人进口的电器电子产品数量定额征收。

91. 废弃电器电子产品处理专项基金补贴的范围、标准是什么?

依照《废弃电器电子产品回收处理管理条例》和《废弃电器电子产品处理资格许可管理办法》的规定,取得废弃电器电子产品处理资格的企业(以下简称处理企业),对列入《废弃电器电子产品处理目录》的废弃电器电子产品进行处理,可以申请基金补贴。

基金按照处理企业实际完成拆解处理的废弃电器电子产品数量给予定额补贴。基金补贴标准为:电视机 85 元 / 台、电冰箱 80 元 / 台、洗衣机 35 元 / 台、空调器 35 元 / 台、微型计算机 85 元 / 台。

财政部会同环境保护部、国家发展改革委、工业和信息化部根据废弃电器电子产品回收处理成本变化情况,在听取有关企业和行业协会意见的基础上,适时调整基金补贴标准。

92. 废弃电器电子产品处理专项基金使用过程如何监管？

环境保护主管部门建立健全基金补贴审核制度，通过数据系统比对、书面核查、实地检查等方式，加强废弃电器电子产品拆解处理的环保核查和数量审核。财政部会同有关部门建立废弃电器电子产品处理信息管理系统，跟踪记录并实时监控处理企业回收处理废弃电器电子产品情况。有关行业协会和企业发挥监督作用，协助政府部门做好废弃电器电子产品拆解处理种类、数量的审核工作。环境保护部和各省（自治区、直辖市）环境保护主管部门要分别公开全国和本地区处理企业拆解处理废弃电器电子产品及接受基金补贴情况，接受公众监督。对处理企业弄虚作假骗取基金补贴的，除依照有关法律法规进行处理、处罚外，还要取消给予基金补贴的资格，并向社会公示。

93. 企业如何获得废弃电器电子产品处理资格？

根据《废弃电器电子产品回收处理管理条例》和《废弃电器电子

产品处理资格许可管理办法》，申请废弃电器电子产品处理资格的企业应当符合本地区废弃电器电子产品处理发展规划的要求，发展规划应报经环境保护部备案。企业应当向处理设施所在地设区的市级人民政府环境保护主管部门提交书面申请，并提供相关证明材料，由市级环保部门组织核发废弃电器电子产品处理资格证书。取得废弃电器电子产品处理资格，依照《中华人民共和国公司登记管理条例》等规定办理登记并在其经营范围中注明废弃电器电子产品处理的企业，方可从事废弃电器电子产品处理活动。

94. 我国如何鼓励电器电子产品生产企业开展生态设计？

我国鼓励电器电子产品生产企业开展生态设计，采用有利于资源综合利用和无害化处理的设计方案，使用无毒无害或者低毒低害以及

便于回收利用的材料，对采用有利于资源综合利用和无害化处理的设计方案以及使用环保和便于回收利用材料生产的电器电子产品，可以减征废弃电器电子产品处理基金。

95. 生产者应承担哪些责任？

生产者、进口电器电子产品的收货人或者其代理人生产、进口的电器电子产品应当符合国家有关电器电子产品污染控制的规定，采用有利于资源综合利用和无害化处理的设计方案，使用无毒无害或者低毒低害以及便于回收利用的材料。电器电子产品上或者产品说明书中应当按照规定提供有关有毒有害物质含量、回收处理提示性说明等信息。

《废弃电器电子产品回收处理管理条例》实行生产者责任延伸制度，生产者应当承担电器电子产品废弃后的管理责任，这是我国环境管理制度的一大创新。根据该《条例》，电器电子产品生产者、进口电器电子产品的收货人或者其代理人应当缴纳废弃电器电子产品处理基金，用于废弃电器电子产品回收处理费用的补贴。

96. 电器电子产品销售者、维修机构、售后服务机构应当承担哪些责任？

电器电子产品销售者、维修机构及售后服务机构应当在其营业场所显著位置标注废弃电器电子产品回收处理提示性信息。回收的废弃电器电子产品应当由有资格的处理企业处理。

97. 废弃电器电子产品回收经营者应当承担哪些责任？

　　废弃电器电子产品回收经营者应当采取多种方式为电器电子产品使用者提供方便、快捷的回收服务。废弃电器电子产品回收经营者对回收的废弃电器电子产品进行处理，应当取得处理资格；未取得处理资格的，应当将回收的废弃电器电子产品交有资格的处理企业处理。回收的电器电子产品经过修复后销售的，必须符合保障人体健康和人身、财产安全等国家技术规范的强制性要求，并在显著位置标识为旧货。

98. 处理企业应当承担哪些责任？

处理企业应承担的责任如下：第一，从事废弃电器电子产品处理活动，应当取得废弃电器电子产品处理资格。第二，处理废弃电器电子产品，应当符合国家有关资源综合利用、环境保护、劳动安全和保障人体健康的要求，禁止采用国家明令淘汰的技术和工艺处理废弃电器电子产品。第三，处理企业应当建立废弃电器电子产品处理的日常环境监测制度。第四，处理企业应当建立废弃电器电子产品的数据信息管理系统，按照规定向所在地的环境保护主管部门报送基本数据和有关情况，基本数据的保存期限不得少于3年。

此外，回收、储存、运输、处理废弃电器电子产品的单位和个人，还应当遵守国家有关环境保护和环境卫生管理的规定。

电子废物利用与处置
DIANZI FEIWU
知识问答
LIYONG YU CHUZHI
ZHISHI WENDA

第八部分
社会与公众参与

99. 公众如何参与电子废物的环境管理？

随着电子废物环境污染问题的凸显，公众对于电子废物的关注度不断提升，公众参与电子废物环境管理的渠道也在不断增多，具体为：

（1）根据《环境影响评价公众参与暂行办法》，在电子废物处理企业环境影响评价阶段，公众可以在有关信息公开后，以信函、传真、电子邮件或者按照有关公告要求的其他方式，向建设单位或者其委托的环境影响评价机构、负责审批或者重新审核环境影响报告书的环境保护行政主管部门，提交书面意见。

（2）根据《废弃电器电子产品处理资格许可管理办法》，在对废

弃电器电子产品处理企业资格审查和许可机关的申请进行公示、征求
公众意见阶段，公众可以在公示期内以信函、传真、电子邮件或者按
照公示要求的其他方式，向许可机关提交书面意见。

（3）根据《废弃电器电子产品处理基金征收使用管理办法》，
给予基金补贴的处理企业名单，由财政部、环境保护部会同国家发展
改革委、工业和信息化部向社会公布。环境保护部和各省（区、市）
环境保护主管部门要分别公开全国和本地区处理企业拆解处理废弃电
器电子产品及接受基金补贴情况，接受公众监督。

（4）根据《关于组织开展废弃电器电子产品拆解处理情况审核
工作的通知》等文件的规定，设区的市级以上地方环保部门应当在门
户网站上公开本地区各处理企业的审核情况，接受公众监督。在此期
间，公众如对企业公示情况有异议，可通过公示期间举报电话进行投
诉和举报。

（5）在电子废物回收环节，公众应将电子废物交由有资质处理
的企业或者正规的回收企业，不能将电子废物混入生活垃圾；公众可
以拨打电子废物回收企业的电话或者登录相应网站。

100. 公众应如何处理家中淘汰的废弃电器电子产品？

消费者使用的电器电子产品在废弃淘汰后，不能私自将其破碎、
拆解，或者丢入普通生活垃圾中扔掉，也不提倡卖给流动的小商贩，
因为有可能流向非正规自行拆解者，拆解过程中容易导致大量的有毒
重金属和有机化合物进入环境中，致使空气、水体和土壤的重金属含

量严重超标,造成严重的环境污染;非正规的拆解还缺乏有效的劳动保护措施,对人身体健康损害十分严重。因此消费者应将废弃电器电子产品送交至正规的回收中心和网点,由回收中心和网点送往有资质的废弃电器电子产品处理企业处理,或者直接交给有资质的处理企业。

101. 政府机关和企事业单位对自身产生的废弃电器电子产品有哪些责任?

机关、企事业单位将废弃电器电子产品交有废弃电器电子产品处理资格的处理企业处理的,依照国家有关规定办理资产核销手续。涉及国家秘密的废弃电器电子产品依照国家保密规定处置。

102. 环保组织在废弃电器电子产品回收过程中可以发挥哪些作用？

近年来，环保组织通过与各级环保部门合作或自发在社会上开展了大量以保护环境、维护公众环境权益为目标的环保活动，在提升公众的环保意识、促进公众的环保参与、改善公众的环保行为、开展环境维权与法律援助、参与环保政策的制定与实施、监督企业的环境行为、促进环境保护的国际交流与合作等方面发挥了重要作用，已成为连接政府、企业与公众之间的桥梁与纽带，构建和谐社会，推动环保事业发展的重要力量。

废弃电器电子产品回收处理是一个涉及社会很多层面的一个系统工程，不仅需要各级行政主管部门的通力合作和交叉管理，也需要社会各界的广泛参与。环保组织可充分发挥沟通、交流和合作的作用，在电子废物产生量集中的省份、城市、社区，与政府、企业和公众合作，优先开展宣传教育活动和试点或示范项目，这对于提高公众的支持意识和参与能力，让公众了解有效的正规化的回收拆解处理方案技术和设施，具有重要作用。在此基础上，可总结经验并加以推广，在推动公众参与废弃电器电子产品回收处理方面发挥重要作用。

103. 发现电子废物的不规范拆解行为应该怎么办？

公众或者机构发现电子废物的不规范拆解行为时，可通过拨打

"12369"环保举报热线电话，向各级环境保护主管部门举报环境污染或者生态破坏事项，请求环境保护主管部门依法处理。目前我国县级以上环境保护主管部门都已经开通环保举报电话，各地统一为"12369"。

公众在投诉电子废物的不规范拆解行为时，应具备以下条件：

（1）有具体投诉对象；

（2）有明确的事发地点；

（3）有造成环境污染和生态破坏的行为。

对举报人提出的举报事项，环保举报热线工作人员能当场决定受理的，就会当场告知举报人；不能当场告知是否受理的，应在15日内告知举报人，但举报人联系不上的除外。举报的问题自受理之日起60日内办结。情况复杂的，经本级环境保护主管部门负责人批准，会适当延长办理期限，并告知举报人延期理由，但延长期限不得超过30日。